YALE FORESTIÈRE.

D'HISTOIRE NATURELLE.

ARBORETUM FORESTIER,

ou Essai d'une classification des Arbres, Arbrisseaux et Arbustes qui composent les forêts de la France, comprenant tous les genres dont les espèces sont indigènes ou ont été naturalisées,

Disposés d'après la méthode analytique de M. *Lamarck*, avec indication des familles naturelles auxquelles ils appartiennent,

SUIVI

DU TABLEAU

(LATIN ET FRANÇAIS)

DE L'ÉCOLE DE BOTANIQUE FORESTIÈRE.

Par M. Masson-Four, Professeur.

NANCY,

IMPRIMERIE DE BARBIER, RUE SAINT-JEAN, N°. 13,

Juin 1825.

INSTRUCTION

Sur la manière de se servir de l'Arboretum forestier.

LA Botanique forestière a pour objet la connaissance des arbres, arbrisseaux et arbustes qui naissent spontanément dans les forêts de la France, et de ceux qui ont été naturalisés et doivent être cultivés, tant sous le rapport de leur utilité pour les constructions civiles et navales, que sous celui de leur emploi dans l'économie domestique et les arts. Nous avons réduit pour le moment à cent huit le nombre des genres qui font partie de notre Arboretum, nous attachant à ceux dont les espèces sont les mieux connues et les plus utiles. La division en arbres feuillus et arbres résineux, arbres de tige et arbrisseaux, bois de construction, bois durs ou bois tendres, donnée par M. *Burgsdorf*, ne nous a pas paru reposer sur des caractères assez fixes; nous avons pensé qu'une classification botanique était plus convenable à notre objet. Nous avons donné la préférence à la méthode analytique, parce qu'elle est plus simple, plus commode, et qu'elle conduit plus surement à la connaissance des genres. Le nombre des arbres forestiers étant très-limité, l'étude en devient très-facile. Avec les notions les plus élémentaires de botanique, il n'est personne qui ne puisse trouver du premier coup le nom d'un genre compris dans le tableau. Je suppose que je rencontre un Alisier, le *Cratægus aria*: je ne le connais pas; et désirant savoir à quel genre il appartient, je consulte le tableau,

N°. 1. Fleurs distinctes. . . . . 2.
Fleurs indistinctes. . . . . 75.

La fleur étant distincte, je consulte le n°. 2, auquel je suis renvoyé par le chiffre de droite 2, et ainsi de suite, de droite à gauche, pour les autres renvois.

ŋ.

N°. 2. Fleurs disjointes . . . . 3.
Fleurs conjointes . . . . ».

La fleur étant disjointe, je passe au n°. 3.

N°. 3. Fleurs hermaphrodites. . . . . 4.
Diclines . . . . 55.
Polygames . . . . 52.

La fleur étant hermaphrodite, je vais au n°. 4.

N°. 4. Dipérianthées. . . . . 5.
Monopérianthées . . . . 47.

La fleur étant dipérianthée, je poursuis au n°. 5.

N°. 5. Corolle monopétale . . . . 6.
Corolle polypétale. . . . . 26.

La corolle étant polypétale, je trouve au n°. 26,

N°. 26. Supérovariées . . . . 27.
Inférovariées. . . . . 42.

L'ovaire étant adhérent au calice, je suis renvoyé au n°. 42.

N°. 42. Étamines, quatre ou cinq. . . . . 43.
Vingt étamines icosandriques . . . . 44.

La fleur étant icosandrique, je passe au n°. 44.

N°. 44. Style unique. . . . . 45.
Ovaire simple adhérent au calice, chargé de plusieurs styles. Pomacées . . . . 46.

Ce dernier caractère convenant à ma fleur, je lis le n°. 46. Les trois premiers articles ne conviennent point à mon arbre; le quatrième, ainsi conçu : arbres à feuilles entières, cotonneuses ou lobées, rarement cinq styles, pomme petite, arrondie, ovoïde, graines cartilagineuses, offrant tous les caractères que je remarque dans l'arbre dont je cherche le nom, j'en conclus que c'est un *Cratægus*. Le chiffre romain DGXLVII renvoie à la *Flore française* de MM. *Lamarck* et *Decandole*, où on trouve la description du genre et des espèces. En cherchant dans la table alphabétique des genres, on verra qu'il appartient à notre vingt-deuxième famille, les Pomacées; on verra aussi qu'il renferme trois espèces qu'on trouve dans les bois. Les numéros en chiffres arabes sont ceux de la *Flore française*, à laquelle nous renvoyons encore, parce que c'est le seul ouvrage complet et le meilleur que nous possédions pour les plantes de France.

Nous avons classé l'École de botanique forestière selon la méthode naturelle, modifiée par MM. *Loiseleur-Deslongchamps* et *Marquis*, adoptée par M. *Merat* dans sa nouvelle *Flore des environs de Paris*. Elle offre des caractères faciles à saisir et très-apparens: son extrême simplicité nous a engagé à lui donner la préférence.

Les tableaux que nous offrons ont été rédigés pour servir de résumé aux leçons de botanique données à l'École royale forestière. Quelque concis qu'ils soient, ils pourront être utiles à ceux qui désirent acquérir quelques connaissances des arbres. Ils nous seront également utiles pour nous faire comprendre de MM. les Agens forestiers, pour les demandes de graines qui leur seront adressées par l'entremise de M. le Directeur général.

Ils fixeront la nomenclature botanique des arbres de nos forêts, connus pour la plûpart sous des noms vulgaires, différens dans chaque pays.

Nous nous proposons de donner plus tard une description complette des genres et des espèces d'arbres indigènes et exotiques, nous attachant spécialement à ceux qui, par leur utilité bien constatée, doivent être admis à faire partie de nos forêts; nous indiquerons seulement les variétés qui ne sont cultivées que pour agrément. Nous comptons beaucoup, pour l'exécution de ce travail, sur les avis et les renseignemens de M. le Directeur de l'École. Une longue expérience, une pratique éclairée, un rare talent d'observation, une critique judicieuse, et les services éminens qu'il a rendus, ont placé sans contredit M. *Lorentz* au premier rang parmi les Forestiers les plus instruits, et nous nous estimons heureux d'être placé sous ses ordres.

De tous les ouvrages spéciaux que nous avons consulté, celui qui nous a été le plus utile, et dont nous recommandons principalement la lecture, est le *Dictionnaire général et raisonné des eaux et forêts*, par M. *Baudrillart*. Ce traité, le seul complet, contient tout ce qu'il est important de savoir en histoire naturelle et dans les autres parties de la science forestière. L'auteur n'a rien négligé pour nous faire connaître les travaux des Allemands sur la manière de traiter les bois. Au moyen des Tables que nous donnons, on lira, dans un ordre méthodique, tous les articles de botanique descriptive contenus dans ce dictionnaire. Nous exécuterons, pour la Minéralogie et la Zoologie, un résumé semblable à celui de la Botanique, ayant soin de nous renfermer dans de justes limites, et nous compléterons ainsi une Table analytique d'histoire naturelle forestière.

ARBORETUM
FORESTIER.

1. FLEURS DISTINCTES, dont les étamines et le pistil peuvent se distinguer sans mycroscope, phanérogames . . . . 2.

Fleurs nulles ou indistinctes, cryptogames ou agames . . . . 75.

2. Fleurs disjointes, non réunies dans une enveloppe commune à plusieurs fleurs, anthères libres. . . 3.

Fleurs conjointes, réunies plusieurs dans un calice ou enveloppe générale, anthères soudées, synanthérées . . . . 2.

3. Fleurs hermaphrodites, munies d'étamines et de pistils . . . . 4.

Diclines unisexuelles, n'ayant que des étamines ou que des pistils. . . . . 55.

Polygames, portant des fleurs hermaphrodites et unisexuelles. . . . . 52.

4. Dipérianthées complettes, munies d'un périanthe ou enveloppe double, calice et corolle . . . . . 5.

Monopérianthées incomplettes, ayant un périanthe ou enveloppe simple, calice vert ou coloré. . . 47.

5. Corolle monopétale, ou d'une seule pièce. . . . . 6.

Corolle polypétale, ou de plusieurs pièces . . . . . 26.

6. Supérovariées, ovaire supérieur, libre, situé au-dessus du calice. . . . . 7.

Inférovariées, ovaire inférieur, situé sous le limbe du calice, adhérent au tube du calice . . . . . 22.

7. Régulières, dont les lobes ou divisions sont semblables ou égaux . . . . 8.

Irrégulières, dont les lobes sont inégaux et dissemblables . . . . 25.

8. Diandriques, deux étamines. . . . . 9.

Plus de deux étamines. . . . . 11.

9. Corolle quadrifide, à quatre divisions. . . . . . . 10.

Corolle tubuleuse, à limbe plane, à cinq divisions, arbrisseau, tige rameuse, flexueuse.. Jasminum. CCCLXI.

10. Arbrisseau, feuilles simples, opposées, fleurs blanches en grappe, fruit, une baie noire. Ligustrum. CCCLXII.

Arbrisseau, feuilles cordiformes, opposées, fleurs lilas en thyrse, fruit, une capsule. . . Syringa. CCCLVII.

11. Cinq étamines, pentandres. . . . . 12.

Plus de cinq étamines. . . . . 14.

12. Corolle en roue, sous-arbrisseau grimpant, fleurs bleues, baies rouges. . Solanum. CDXX.

Corolle en entonnoir, infundibuliforme, munie d'un tube droit, limbe relevé, ou en cloche. . . . . . . 13.

13. Arbrisseau épineux, fleurs blanches ou rougeâtres, fruit, une baie. . Lycium. CDXXII.

Sous-arbrisseau dont les tiges sont couchées, fruit, une capsule à cinq loges. . Azalea. CDLVI.

14. Étamines libres . . . . 15.

Étamines un peu soudées à la base, six à seize, fruit, drupe coriace, noyau monosperme. STYRAX. CDLIII.

15. Un stigmate simple. . . . . 16.

Quatre stigmates, ou un seul divisé en quatre lobes, arbre élevé, baie à huit-douze loges. . DIOSPYROS. CDLII.

16. Cinq à dix étamines, sous-arbrisseau, fruit, capsule à cinq loges. . LEDUM. CDLIV.

Huit étamines. . . . . 17.

Dix étamines . . . . 19.

17. Calice simple . . . . 18.

Calice double, muni d'un second calice plus petit, calicule. . CALLUNA. CDLIX.

18. Corolle à quatre divisions, en cloche ou en godet, fruit, une capsule. . ERICA. CDLVIII.

19. Corolle divisée en cinq parties qui atteignent le centre. . LEDUM. CDLIV.

Corolle dont les lobes n'atteignent pas le milieu. . 20.

20. Corolle en cloche ou en grelot.. . . . . 21.

21. Corolle campaniforme, baie infère. . VACCINIUM. CDLXIV.

Corolle globuleuse à cinq dents roulées en dehors, baie à cinq loges.. ARBUTUS. CDLXI.

Corolle en grelot, d'un pourpre vif, capsule à cinq loges, sous-arbrisseau. . ANDROMEDA. CDLX.

22. Fleurs en corymbe ou fausse ombelle, pédoncules ne partant pas du même point, ou se ramifiant irrégulièrement . . . . 23.

Fleurs agglomérées, ou géminées, ou verticillées. . 24.

23. Feuilles ailées ou pinnatifides, arbrisseau, jeunes tiges remplies de moelle. . SAMBUCUS. DLXIX.

Feuilles simples ou lobées, étamines alternes, baie monosperme. . VIBURNUM. DLXVIII.

24. Arbrisseau grimpant, feuilles opposées, soudées à la base, ou libres, fleurs irrégulières.. LONICERA. DLXVI.

Arbrisseau grimpant, fleurs régulières géminées, baies à une loge géminées.. XYLOSTEUM. DLXVI.

Corolle en cloche, huit étamines, baie globuleuse ombiliquée, à quatre loges. VACCINIUM. CDLXIV.

25. Quatre étamines didynames, capsule à deux valves, deux loges, arbre exotique.. BIGNONIA, CATALPA.

26. Supérovariées . . . . 27.

Inférovariées . . . . 42.

27. Régulières. . . . . 28.

Irrégulières. . . . . 37.

28. Deux étamines, arbre élevé, corolle et calice nuls, polygames. . FRAXINUS. CCCLVIII.

Deux étamines, quatre pétales linéaires, arbre. ORNUS. CCCLVIII.

Trois à dix étamines, trois ovaires, arbre, feuilles ailées. . AYLANTUS.

Quatre à cinq étamines, vrilles opposées aux feuilles, arbrisseau sarmenteux. . VITIS. DCCC.

Quatre à cinq étamines opposées aux pétales, arbrisseau, fruit, une baie.. RHAMNUS. DCCXV.

Quatre à cinq étamines alternes. . . . . 29.

Plus de cinq étamines . . . . 30.

29. Arbre, feuilles épineuses, persistantes, une baie rouge à quatre noyaux. . ILEX. DCCXIV.

Arbrisseau, feuilles opposées, capsule anguleuse rouge, à cinq loges. . EVONYMUS. DCCXIII.

Arbrisseau, feuilles ailées, petites drupes ramassées en épis rougeâtres. . RHUS. DCCVIII.

Arbrisseau élevé, feuilles ailées, capsules, deux à trois soudées, fleurs blanches en grappe. . STAPHYLLEA. DCCXII.

30. Fruit, un légume. 36.

Six étamines, arbrisseau épineux, baie rouge oblongue, fleurs jaunes. . BERBERIS. DCCXVIII.

Sept étamines, arbre, feuilles de cinq à sept folioles, fruit, capsule hérissée de pointes molles. ÆSCULUS. DCCCVI.

Huit étamines, arbre élevé, feuilles simples, lobées ou composées, fruit, deux samares réunies à la base, et surmontées chacune d'une aile membraneuse. ACER. DCCCV.

Huit étamines, un style, baie rouge à quatre loges polyspermes. . OXICOCCOS. CDLXIV.

Huit étamines, un style, capsule vésiculeuse, feuilles ailées, arbre, fleurs jaunes en panicules. KOELREUTERIA.

Dix étamines, filamens soudés en tube cylindrique, drupe globuleuse, noyau à cinq loges, arbre moyen, à feuilles bipinnées. . MELIA. DCCCI.

Arbre ou arbrisseau à feuilles très-petites, squamiformes, alternes, fleurs munies d'une bractée, réunies en grappe, cinq à dix étamines, capsule oblongue trivalve. . TAMARIX. DCXXI.

Plus de dix étamines. . . . . 31.

31. Étamines icosandriques, vingt étamines adhérentes au calice, perigynes. . . . . 32.

Polyandriques, vingt ou plus, adhérentes au réceptacle, hypogynes . . . . 35.

32. Un seul ovaire. . . . . 33.

Plusieurs ovaires. . . . . 34.

33. Drupe charnue, noyau comprimé, oblong, pointu au sommet, arbres ou arbrisseaux, feuilles simples dentées. . Prunus. DCLXV.

Drupe charnue, noyau rond, lisse, arbres ou arbrisseaux à feuilles oblongues. . Cerasus. DCLXIV.

Drupe coriace, couvert d'un duvet court, noyau parsemé de pores épars. Amygdalus. DCLXVII.

Drupe charnue, noyau creusé de sillons profonds, irréguliers. . Persica. DCLXVIII.

Drupe charnue, noyau comprimé, compact, uni, deux lignes saillantes sur les bords. . Armeniaca. DCLXVI.

34. Calice devenant charnu à sa maturité, fruit rouge, cynhorrodon. . Rosa. DCL.

Arbrisseau sarmenteux, épineux, fruit, plusieurs baies réunies. . Rubus. DCLXII.

Arbrisseau à fleurs petites, blanches, fruit, plusieurs capsules. . Spiræa. DCLXIII.

35. Arbrisseau, tige volubile, ligneuse, feuilles ternées ou ailées. . Clematis. DCCCVII.

Arbre, corolle à cinq pétales, capsule globuleuse ou noix à une loge, monosperme. . . . . Tilia. DCCLXXXVII.

Arbre, corolle à six pétales, formant une tulipe, fruit, plusieurs capsules. . Lyriodendrum.

36. Six étamines, arbre épineux, feuilles aîlées, gousses longues.. Gleditsia.

Dix étamines, arbre à feuilles longues, deux fois aîlées, gousses larges, épaisses. Gymnocladus.

37. Étamines distinctes. . . . . 38.

Étamines soudées par les filets . . . . 39.

38. Dix étamines, légumes allongés formant des renflemens, arbre, feuilles aîlées, fleurs en panicules ou grappes lâches, donnant une couleur jaune.. Sophora.

Feuilles simples, arrondies, échancrées en cœur à la base, fleurs rouges presque sessiles le long des rameaux ou sur le tronc, arbre.... Cercis. DCLXX.

39. Monadelphes réunies en un seul paquet ou faisceau.. 40.

Diadelphes réunies en deux paquets . . . . 41.

40. Arbrisseau épineux, feuilles simples sessiles, persistantes, carène à deux pétales. . . . . . . Ulex. DCLXXII.

Arbrisseau, feuilles simples, gousse glabre ou velue, oblongue.. Genista. DCLXXIII.

Arbrisseau, tiges peu garnies, feuilles ternées, les supérieures simples, gousses comprimées, velues, rameaux anguleux, verdâtres, luisans.. Spartium. DCLXXIII.

Arbrisseau à feuilles ternées, carène droite, enveloppant les organes sexuels, gousses velues, rétrécies à la base.. Cytisus. DCLXXIV.

Sous-arbrisseau, feuilles ternées, à stipules adhérentes au pétiole, fleurs axillaires, jaunes ou rouges, tige épineuse ou sans épines, gousse sessile.. Ononis. DCLXXVI.

41. Arbrisseau, feuilles aîlées avec impaire, gousse uniloculaire, renflée, vésiculeuse, les stipules distinctes des pétioles.. Colutea. DCLXXXIX.

Arbre ou arbrisseau, rameaux épineux, feuilles aîlées avec impaire, gousse oblongue comprimée, glabre.. Robinia. DCLXXXVIII.

Gousse presque cylindrique, arbrisseau, feuilles aîlées sans impaire.. Caragana.

42. Étamines, quatre ou cinq. . . . . 43.

Vingt étamines icosandriques. . . . . 44.

43. Arbrisseau, feuilles opposées, quatre étamines alternes, baies ovoïdes ou globuleuses, rouges ou noires, non couronnées. Cornus.. DLXX.

Arbrisseau à feuilles alternes, cinq étamines, baies uniloculaires couronnées.. Ribes. DCXXVIII.

Arbrisseau sarmenteux, grimpant ou rampant, cinq étamines, baies à cinq loges monospermes, feuilles fermes ou coriaces, luisantes, persistantes. Hedera. DLXXI.

44. Style unique. . . . . 45.

Ovaire simple adhérent au calice, chargé de plusieurs styles. Pomacées. . . . . 46.

Ovaires nombreux, monospermes, non adhérens, recouverts par le calice. Les Rosiers . . . . . . 34.

45. Arbrisseau, fleurs blanches odorantes, fruit, une capsule semi-adhérente...... Phyladelphus. DCXLII.

Arbrisseau à feuilles petites, persistantes, fleurs odorantes, baie ovoïde ou sphérique couronnée. Myrtus. DCXLIII.

46. Arbre, feuilles petiolées, ovales, dentées, un peu velues en dessous, fruit, une pomme sphéroïde glabre, ombiliquée aux deux extrémités, à cinq loges.. MALUS. DCXLV.

Arbre, feuilles petiolées, coriaces, glabres, fruit en forme de toupie, ombiliqué au sommet seulement, pédunculé.. PYRUS. DCXLVI.

Arbre, feuilles cotonneuses, poire couverte de duvet.. CYDONIA. DCXLVI.

Arbres à feuilles entières, cotonneuses ou lobées, rarement cinq styles, pomme petite, arrondie, ovoïde, graines cartilagineuses..... CRATÆGUS. DCXLVII.

Arbres à feuilles pinnatifides ou ailées, avec impaire, trois styles, fruit globuleux ou pyriforme, trois graines cartilagineuses.. SORBUS. DCXLIX.

Arbres et arbrisseaux souvent épineux, à feuilles entières ou lobées, fleurs disposées en corymbes terminaux, un à cinq styles, pomme sphérique à deux ou cinq graines osseuses... MESPYLUS. DCXLVIII.

47. Supérovariées . . . . 48.
Inférovariées. 51.

48. Un style, un stigmate simple ou divisé . . . . . . 49.
Deux styles, deux stigmates. . . . . 50.

49. Arbrisseaux à feuilles persistantes ou caduques, périanthe herbacé à quatre lobes, huit étamines, une baie à une loge monosperme... DAPHNE. CCCV.

Arbrisseau, arbre dans le midi de l'Europe, toujours vert, périanthe à quatre, cinq ou six lobes, douze étamines sur deux rangs, les inférieures alternativement fertiles et stériles, drupe charnue monosperme.. LAURUS. CCCVIII.

50. Arbre périanthe, quatre ou cinq divisions, quatre ou huit étamines, capsule orbiculaire, plane, comprimée, membraneuse, gonflée au milieu par la graine (samare) feuilles rudes...... ULMUS. CCLXXXIV.

Arbre à feuilles alternes stipulées, périanthe à cinq lobes, cinq étamines, drupe globuleuse, monosperme, à noyau sphérique. CELTIS. CCLXXXIII.

51. Arbrisseau très-rameux, tortu, épineux, feuilles oblongues, d'un vert grisâtre, périanthe à deux divisions, quatre anthères presque sessiles, baie globuleuse à une loge, monosperme.. HIPPOPHAE. CCCIII.

Grand arbrisseau, feuilles et rameaux couverts d'écailles blanches et argentées, fleurs axillaires, d'une odeur pénétrante, à quatre étamines, drupe dont la noix est monosperme..... ELEAGNUS. CCCIV.

52. Complettes . . . . 53.

Incomplettes. . . . . 54.

53. Arbre à feuilles ailées, épineux, fruit, un légume. GLEDITSIA.

Arbre à feuilles lobées, huit à dix étamines, deux samares accolées.. ACER. DCCCV.

Arbre à feuilles aîlées, folioles grandes, cinq fruits applatis.. AYLANTUS.

54. Arbre à feuilles simples, drupe monosperme. CELTIS. CCLXXXIII.

Arbre à feuilles aîlées, fleurs nues, deux ou trois étamines, samare terminée par une aîle plane. FAXINUS. CCCLVIII.

55. Monoïques, fleurs mâles et fleurs femelles sur le même individu . . . . 56.

Dioïques, fleurs mâles et fleurs femelles sur deux individus, ou séparées . . . . 65.

56. Feuilles linéaires, pointues, acérées, ou en aiguilles, persistantes . . . . 57.

Feuilles simples, lobées ou découpées, le plus souvent caduques . . . . 60.

57. Conifères. { Naissant plusieurs d'une même gaine. 58.
Solitaires le long des rameaux. . . . 59.

58. Deux ou cinq feuilles dans une même gaine, écailles des cônes épaisses, ligneuses, anguleuses. Pinus. CCLXVI.

Feuilles ramassées en faisceaux, et caduques dans une espèce. . Larix. CCLXVIII.

59. Feuilles solitaires placées tout à l'entour des rameaux ou ramassées sur les côtés, écailles des cônes amincies, obtuses. . Abies. CCLXVII.

Feuilles pectinées, drupe ovoïde, rouge, un noyau monosperme. . Taxus. CCLXX.

Feuilles petites, acérées, opposées ou verticillées, fruit charnu, bacciforme, contenant trois noyaux, arbres ou arbrisseaux. . Juniperus. CCLXIX.

Arbre, feuilles petites, imbriquées, courtes, verticillées par trois cônes arrondis appelés noix de cyprès. *Galbule*. . Cupressus.

Arbre, portant à sa racine des exostoses, feuilles distiques, petites, caduques, molles, cônes ovoïdes assez gros, indéhiscens. . Schubertia.

Arbre ou arbrisseau, feuilles grasses, odorantes, étant froissées, opposées, écailleuses, imbriquées, très-petites, cônes ovoïdes lisses, rameaux comme applatis. , Thuya.

60. Balanifères, portant des fruits huileux ou farineux, que les anciens nommaient *balanos*, glands . . . 61.

Non balanifères . . . . 64.

61. Cupule n'enveloppant qu'en partie le gland . . . . 62.

Involucre recouvrant en totalité la graine . . . . . 63.

62. Feuilles lobées ou pinnatifides, cupule écailleuse, hémisphérique, enveloppant une noix monosperme, le gland. . Quercus. CCLXXXI.

Feuilles ovales, arrondies, dentées, un peu pubescentes, stipulées, fruit, une noix oléifère à coque osseuse, enveloppée par l'envolucre. . Corylus. CCLXXX.

Arbre, feuilles ovales, nerveuses, plissées, inégalement dentées, noix uniloculaire, luisante, enveloppée par l'écaille, qui a pris de l'accroissement. . Carpinus. CCLXXVII.

63. Arbre à feuilles ondulées, velues sur les bords et dans l'angle des nervures, involucre coriace, hérissé d'épines molles simples, velu en dedans et en dehors, semence oléifère, *faîne*. Fagus. CCLXXVIII.

Arbre, feuilles oblongues, petiolées, dentées, involucre hérissé d'épines rameuses, à quatre valves, renfermant une à trois noix féculentes, sucrées, *châtaignes*. . Castanea. CCLXXIX.

Arbre, feuilles aîlées avec impaire, enveloppe charnue, amère, *brou*, renfermant une noix à coque osseuse, sillonnée, bivalve, semence oléifère. . Juglans. DCCXI.

64. Arbre ou arbrisseau à rameaux rougeâtres, flexibles, feuilles alternes petiolées, subdeltoïdes, presque triangulaires, capsule à une loge monosperme,

entourée d'une membrane large . . . BETULA. CCLXXV.

Arbre à feuilles orbiculaires, crénelées, fleurs amentacées, fruit en cône, une petite noix à deux loges monospermes. . ALNUS. CCLXXVI.

Petit arbrisseau à feuilles alternes, fleurs amentacées, fruit, une baie ou drupe monosperme, toute la plante odorante donnant une substance résineuse céracée. . MYRICA. CCLXXIV.

Arbre résineux à feuilles lobées, réceptacle commun, creusé d'alvéoles nombreuses, globuleux, fruit, deux capsules uniloculaires, polyspermes. . . . LIQUIDAMBAR.

Arbre, feuilles larges, planes, palmées, graines nues, serrées, ramassées en tête globuleuse, velue à la base, acuminées au sommet. . . . . PLATANUS. CCLXXXII.

Arbrisseau à feuilles persistantes, entières, d'un beau vert, capsule à trois pointes, à trois loges dispermes, bois jaune, tortueux. . BUXUS. CCXCV.

65. Monopérianthées . . . . 66.

Dipérianthées . . . . 71.

Squamiflores, écailles tenant lieu de périanthe. . . 74.

66. Inférovariées. . . . . 67.

Supérovariées . . . . 68.

67. Arbrisseau, quatre anthères sessiles, baie monosperme. . HIPPOPHAE. CCCIII.

68. Arbre . . . . 69.

Arbrisseaux ou arbustes. . . . . 70.

69. Arbre à feuilles alternes, grandes, dentées, cordiformes ou lobées, fruit, plusieurs baies noires ou

blanches, réunies en chatons oblongs. . MORUS. CCLXXXVI.

Arbre, feuilles larges, les unes entières, cordiformes, les autres lobées ou échancrées d'un ou de deux côtés, un peu rudes, rameaux velus. BROUSSONETIA.

70. Tiges ligneuses grimpantes, feuilles un peu rudes, cône foliacé.. HUMULUS. CCLXXXVII.

Douze étamines, fruit bacciforme, arbrisseau toujours vert, feuilles glabres.. LAURUS. CCCVIII.

Arbre à feuilles composées, cinq étamines, trois styles, fruit, drupe sèche, ovoïde ou presque globuleuse, un noyau osseux, monosperme. PISTACIA. DCCX.

71. Supérovariées . . . . 72.

Inférovariées. . . . . 73.

72. Arbrisseau, feuilles simples, rameaux épineux, baies axillaires noires.. RHAMNUS. DCCXV.

Arbrisseau, tiges rouges, velues, feuilles ailées, velues. . RHUS. DCCVIII.

Tiges ligueuses couchées, feuilles petites serrées, trois étamines, baies noires, six ou neuf graines. EMPETRUM. CDLXIII.

73. Arbrisseau parasite toujours vert, baie blanche. VISCUM. DLXVII.

74. Arbres ou arbrisseaux, feuilles glabres ou velues, oblongues ou lancéolées, deux, trois ou cinq étamines, capsule uniloculaire à deux valves, semence aigrettée.. SALIX. CCLXXII.

Arbre, fleurs amentacées, chaque écaille portant un petit calice tubuleux, huit à trente étamines, capsule à deux valves, à deux loges polyspermes, feuilles subdeltoïdes, orbiculaires et luisantes à la surface supérieure, crénelées, pétiolées. POPULUS. CCLXXIII.

75. Tiges ligneuses, feuillées, appelées *Frons* par Linné, fructifications sur les feuilles . . . . 76.

76. Capsules réunies en groupes arrondis à la surface inférieure des feuilles, éparses, recouvertes d'une membrane ou tégument, *induvium*, qui se déchire. ASPIDIUM. CXXXVI.

Capsules réunies en groupes ovales alongés, recouvertes d'un tégument réniforme qui s'ouvre de dedans en dehors.. ATHYRIUM. CXXXV.

Capsules en groupes arrondis épars, dépourvues de tégumens et d'écailles. POLYPODIUM. CXXXVIII.

Capsules réunies en une seule ligne continue le long du bord de la feuille, recouvertes par un tégument s'ouvrant de dedans en dehors.. PTERIS. CXXXI.

EXPLICATION

De quelques termes propres aux Arbres.

ARBRE. Tige ligneuse ou tronc simple, nu jusqu'à une certaine hauteur, à laquelle il se divise en branches vers le haut; et se charge de rameaux et de feuilles, pour former ce qu'on appelle la tête.

On distingue les arbres en arbres de première, seconde et troisième grandeur, suivant qu'ils atteignent une hauteur de trente, cinquante ou cent pieds et plus.

Cette élévation dépend de plusieurs circonstances; et la même espèce qui fournit un arbre de première grandeur dans un bon sol et à une bonne exposition, peut donner un arbre médiocre ou bas lorsqu'il se trouve dans un mauvais terrain, ou une latitude nord, ou une grande élévation au-dessus du niveau de la mer. Exemple: le *Chêne*, le *Pin*, le *Bouleau*.

ARBRISSEAU ou **PETIT ARBRE.** Tige ligneuse, qui se ramifie dès la base ou près de terre. Leur hauteur est de quatre à seize pieds. Exemple : le *Cytise*. On le nomme buisson lorsqu'il est bas et très-rameux. Exemple : le *Prunier épineux*.

On peut élever un arbre en arbrisseau, en rabattant la tige pour lui faire pousser des rejets. Exemple : la *Charmille*.

En enlevant au contraire tous les rejetons d'un arbrisseau pour ne lui laisser qu'une seule tige, on le transforme en arbre. Exemple : le *faux Ébénier*.

ARBUSTE. Tige ligneuse, de petite dimension, qui se ramifie à la base, ou part du collet de la racine. Les pousses les plus jeunes périssent souvent en automne. On les distingue des arbres et arbrisseaux en ce qu'ils sont dépourvus de bourgeons ou boutons. Exemple : la *Morelle douce, amère*.

ARBRES VERTS. Ceux qui conservent leurs feuilles pendant toute l'année.

ARBRES A FEUILLES CADUQUES. Ceux qui perdent leurs feuilles en automne.

ARBRES RÉSINEUX. Ceux dont le suc propre est un fluide poisseux, inflammable, d'une odeur et d'une saveur fortes. Cette térébenthine s'exude naturellement ou par incision des pins et sapins, et forme en se desséchant la résine. En la distillant avec de l'eau, on obtient l'huile volatile, ou essence de térébenthine, et la colophane.

Les Allemands n'ont compris dans la classe de bois résineux que les cônifères, dont les feuilles sont en aiguille. En effet, il n'y a que cette classe d'arbre qui, sous notre climat, peut donner de la résine par incision. Le Stirax et le Liquidambar ne fournissent des produits résineux balsamiques que dans leur pays natal : il en est de même pour le Baumier de Gilead, le Genevrier à encens.

TABLEAU

DE L'ÉCOLE DE BOTANIQUE FORESTIÈRE,

Classée selon la méthode naturelle modifiée par MM. Loiseleur-Deslongchamps *et* Marquis.

PREMIÈRE CLASSE.

DICOTYLEDONES. DIPÉRIANTHÉES SUPÉROVARIÉES.

† POLYPÉTALES.

* POLYANDRES, ÉTAMINES EN NOMBRE INDÉFINI.

PREMIÈRE FAMILLE.

MAGNOLIACEÆ. MAGNOLIÉES.

LIRIODENDRUM. . TULIPIER.
—*Tulipifera* . . . —de Virginie. Arbre. Ornement.

DEUXIÈME FAMILLE.

RANUNCULACEÆ. RENONCULACÉES.

CLEMATIS. . . . . CLÉMATITE. DCCCVII.
—*Vitalba* . . . . —des haies. Tiges sarmenteuses, s'accrochant aux arbres. Viorne, Herbe aux gueux . . . . 4590.

TROISIÈME FAMILLE.

TILIACEÆ. TILIACÉES.

TILIA . . . . TILLEUL. DCCLXXXVII.
—*Silvestris* . . . } —sauvage, des bois. . . . . 4503.
—*Mycrophylla*. } —à petites feuilles. Arb. Orn. Bois blanc, tendre.
—*Platiphyllos*. . —de Hollande, à grandes feuilles. Ornement . . . . 4504.
—*Argentea* . . . —argenté, de Hongrie. Orn.

QUATRIÈME FAMILLE.

AMYGDALEÆ. AMYGDALÉES.

Cerasus . . . . . Cerisier. DCLXIV.
—*Padus* . . . . . —Mérisier à grappe, Putiet . . . . 3781.
—*Mahaleb*. . . . —Bois de Sainte-Lucie . . . . . . 3782.
—*Avium* . . . . . —Mérisier des bois. . . . . 3786.
Le bois de ces arbres est employé par les tourneurs et les ébénistes.

Prunus. . . . . . Prunier. DCLXV.
—*Spinosa*. . . . . —épineux, Prunellier. Arbrisseau épineux. . . . . 3788.
—*Domestica*. . . —cultivé. Arbre.

Amygdalus . . . Amandier. DCLXVII.
—*Communis*. . . —commun, cultivé. . . . . 3793.

Armeniaca. . . . Abricotier. DCLXVI.
—*Vulgaris*. . . . —commun, cultivé. . . . . 3792.

Persica. . . . . . Pêcher. DCLXVIII.
—*Vulgaris*. . . . —commun, cultivé. . . . . 3794.

CINQUIÈME FAMILLE.

ROSACEÆ. ROSACÉES.

Spiræa . . . . . . Spirée. DCLXIII.
—*Salicifolia* . . . —à feuilles de saule. Auvergne. Arbuste . . . . 3776.

Rubus. . . . . . . Ronce. DCLXII.
—*Fruticosus* . . . —des haies. Arbuste sarmenteux . 3773.
—*Cæsius* . . . . . —à fruit bleuâtre. Arbuste . . . . 3770.

Rosa. . . . . Rosier. DCL.
—*Eglanteria*. . . —d'Allemagne . . . . 3694.
—*Spinosissima*. . —très-épineux, Pimprenelle . . . 3697.
—*Canina*. . . . . —de chien, des haies . . . . 3716.
—*Rubiginosa* . . —Églantier rouge . . . . 3710.

** ÉTAMINES EN NOMBRE DÉFINI.

SIXIÈME FAMILLE.

LEGUMINOSÆ. LÉGUMINEUSES.

I. *Corolle régulière, Étamines distinctes.*

Gleditsia . . . . Févier.

—*Triacanthos*. . —à trois pointes. Amér. sept. Orn. à introduire dans les forêts, et pour clôture.
—*Sinensis*. . . . —de Chine. Ornement, parcs.
GYMNACLADUS. . BONDUC, CHICOT.
—*Canadensis* . . —du Canada. Arb. Orn. Forêts.

II. *Corolle papillonnacée, Étamines distinstes, Gousse bivalve à une loge.*

CERCIS. . . . . . . GAINIER. DCLXX.
—*Siliquastrum*. . —Arbre de Judée. Orient. Orn. For. 3797.
SOPHORA . . . . . SOPHORA.
—*Japonica*. . . . —du Japon. Arbre à introduire dans les forêts ou plantations.

III. *Corolle papillonnacée, dix Étamines monadelphes ou diadelphes, Gousse bivalve à une loge.*

ULEX . . . . AJONC. DCLXXII.
—*Europœus* . . . —d'Europe, landier, marin, haies. 3799.
GENISTA . . . . . GENET. DCLXXIII.
—*Tinctoria* . . . —Genistrole, des teinturiers. Arbust. 3805.
—*Germanica* . . —d'Allemagne. Arbuste épineux. 3814.
SPARTIUM . . . . SPARTIUM. DCLXXIII.
—*Scoparium*. . . —Genet à balais. Arbuste . . . . 3811.
CYTISUS. . . . . . CYTISE. DCLXXIV.
—*Laburnum*. . . —Aubour, faux Ébénier. Arbriss. 3818.
ONONIS . . . . . . ONONIS. DCLXXVI.
—*Arvensis*. . . . —Bugrane. Arrête-Bœuf. . . . . 3835.
COLUTEA . . . . . BAGUENAUDIER. DCLXXXIX.
—*Arborescens*. . —arborescent. Arbris eau. Orn. . 3948.
ROBINIA. . . . . . ROBINIER. DCLXXXVIII.
—*Pseudo-Acacia* —faux Acacia. Arbre à introduire. . 3947.
CARAGANA. . . . CARAGANA.
—*Arborescens*. . —Arbrisseau. Sibérie.
—*Chamlagu*. . . —de la Chine. Ornement.
—*Ferox* . . . . . —Féroce. Daourie. Ornement.

SEPTIÈME FAMILLE.

MELIACEÆ. MELIACÉES.

Melia . . . . Melia. DCCCI.
—Azederach. . . —Lilas des Indes. Arbrisseau. Orn. 4567.

HUITIÈME FAMILLE.

SARMENTACEÆ. SARMENTACÉES.

Vitis . . . . Vigne. DCCC.
—Vinifera. . . . —Vinifère sauvage . . . . 4566.

NEUVIÈME FAMILLE.

BERBERIDEÆ. BERBÉRIDÉES.

Berberis . . . . . Vinettier. DCCXVIII.
—Vulgaris. . . . —Épine-Vinette. Arbriss. cultivé . 4082.

DIXIÈME FAMILLE.

SAPINDACEÆ. SAPINDÉES.

Koelreuteria . . Koelreuteria.
—Paullinoides. . — Paniculé. Arbrisseau. Ornement.

ONZIÈME FAMILLE.

ACERIDEÆ. ACERIDÉES.

Acer . . . . Érable. DCCCV.
—Pseudo-Platanus . . . . . Sycomore. Arbre. Forêts. . . . . 4584.
—Platanoides. . —Plane. Arbre. Forêts. . . . . . 4585.
—Opulifolium. . —à feuilles d'Obier. Ayart. Duret. 4586.
—Campestre. . . —champêtre. Arbre commun. . . 4587.
-Monspessulanum — de Montpellier. Arbre . . . . . 4588.
Platanoides laciniosum. . . . . Griffon, feuilles laciniées. Arbre. Orn.
—Negundo. . . . —à feuilles de Frêne. Arbre naturalisé, propre aux forêts.
—Rubrum . . . . —rouge, de Virginie. Arbre.
—Saccharinum . —à sucre. Arbre à introduire.
—Pensilvanicum —jaspé. Arbre d'ornement.
—Eriocarpon . . —à fruit cotonneux, blanc. Amériq. sept.
—Opalus. . . . . —Opale, d'Italie, des Alpes.
—Tataricum. . . —de Tartarie. Arbre. Orn.

Les Érables fournissent un très-bon bois de chauffage.

Fraxinus. . . . . Frêne. CCCLVIII.
—*Excelsior* . . . —élevé, ordinaire. Arbre. . . . . 2465.
—*Rotundifolia*. . —à feuille ronde. Italie. Arbre à manne.
—*Americana* . . —d'Amérique.
—*Juglandifolia* . —à feuilles de Noyer.
—*Monophylla*. . —à une feuille.
—*Sambucifolia* . —à feuilles de Sureau.
—*Cinerea* . . . . —cendré.
Les cinq derniers, de l'Amérique septentrionale.
—*Parvifolia*. . . —à petites feuilles. Orient.
Ornus. . . . . . . Orne. CCCLVIII.
—*Europœa*. . . . —Frêne à fleurs, à manne. Arbre. . 2466.

DOUZIÈME FAMILLE.

HYPOCASTANEÆ. HYPOCASTANÉES.

Æsculus. . . . . Marronnier. DCCCVI.
—*Hippocastanum* —d'Inde. Arbre élevé, naturalisé.
—*Pavia rubra*. . —Pavia rouge. Arbre.

TREIZIÈME FAMILLE.

PORTULACEÆ. PORTULACÉES.

Tamarix. . . . . Tamarix. DCXXI.
—*Gallica*. . . . . —de France. . . . . 3633.
—*Germanica* . . —d'Allemagne . . . . 3634.

QUATORZIÈME FAMILLE.

RHAMNIDEÆ. RHAMNIDES.

Staphyllea . . . Staphyllier. DCCXII.
—*Pinnata*. . . . —à feuilles pennées, Nez coupé. Arbrisseau . . . . 4068.
Evonymus. . . . Fusain. DCCXIII.
—*Europœus* . . . —Bonnet de Prêtre. Arbrisseau. . 4069.
—*Latifolius* . . . —à large feuille. Arbrisseau. . . . 4070.
Ilex. . . . . Houx. DCCXIV.
—*Aquifolium* . . —commun. Arbrisseau toujours vert. 4071.
—*Ferox* . . . . . —Hérisson. Arbrisseau.
Rhamnus. . . . . Nerprun. DCXV.
—*Catharticus* . . —purgatif. Arbrisseau . . . . . . 4072.

—*Alaternus*. . . —Alaterne. Arbrisseau toujours vert. 4076.
—*Frangula* . . . —Bourdaine. Arbrisseau. Son charbon sert à la fabrication de la poudre à canon. 4077.

QUINZIÈME FAMILLE.

TEREBINTHACEÆ. TÉRÉBINTHACÉES.

Pistacia . . . . . Pistachier. DCCX.
—*Vera*. . . . . . —commun, naturalisé . . . . . . 4064.
—*Terebinthus*. . —Térébinthe, naturalisé. . . . . 4065.
—*Lentiscus*. . . . —Lentisque. Dans le midi . . . . 4066.
Les deux derniers fournissent de la résine.

Rhus . . . . Sumac. DCCVIII.
—*Cotinus*. . . . . Fustet. Arbrisseau . . . . 4061.
—*Coriaria*. . . . — des corroyeurs. Arbrisseau . . . 4062.

Aylantus . . . . Aylante.
—*Glandulosa* . . —glanduleux. Chine. A introduire.

†† MONOPÉTALES.

* RÉGULIÈRES.

SEIZIÈME FAMILLE.

RHODORACEÆ. RHODORACÉES.

Azalea . . . . . . Azalée. CDLVI.
—*Procumbens*. . —couchée. Arbuste. . . . . 2798.

Ledum . . . . . . Ledon. CDLIV.
—*Palustre*. . . . — des marais. Arbuste . . . . 2795.

DIX-SEPTIÈME FAMILLE.

ERICEÆ. ERICÉES.

Erica. . . . . Bruyère. CDLVIII.
—*Cinerea* . . . . —cendrée. Arbuste. . . . . 2800.
—*Scoparia*. . . . —à balais . . . . 2805.

Calluna . . . . . Callune. CDLIX.
—*Erica*. . . . . . — Bruyère commune . . . . 2808.

Andromeda . . . Andromède. CDLX.
—*Polifolia*. . . . —à feuilles de Polium . . . . 2809.

Arbutus. . . . . Arbousier. CDLXI.
—*Uva ursi*. . . . —Busserole. Raisin d'ours . . . . . 2812.

—*Unedo* . . . . . —Fraisier en arbre. Alpes . . . . 2810.
Empetrum. . . . Camarine. CDLXIII.
—*Nigrum* . . . . —à fruits noirs. Arbuste . . . . . 2817.

DIX-HUITIÈME FAMILLE.

***DIOSPYREÆ.* DIOSPYRÉES.**

Diospiros. . . . . Plaqueminier. CDLII.
—*Lotus*. . . . . . —Lotus. Orient. Ornement . . . 2793.
Styrax. . . . . . Styrax-Aliboufier. CDLIII.
—*Officinale* . . . —Officinal. Arbre résineux. . . . 2794.

DIX-NEUVIÈME FAMILLE.

***SOLANEÆ.* SOLANÉES.**

Solanum . . . . . Morelle. CDXX.
—*Dulcamara* . . —douce-amère . . . . 2692.
Lycium. . . . . . Lyciet. CDXXII.
—*Europæum*. . . —d'Europe . . . . 2699.
—*Barbarum*. . . —de Barbarie, cultivé . . . . . . 2700.

VINGTIÈME FAMILLE.

***JASMINEÆ.* JASMINÉES.**

Jasminum . . . . Jasmin. CCCLXI.
—*Officinale* . . . —commun, cultivé. . . . . 2470.
—*Fruticans* . . . —Frutessent. Arbuste cultivé . . . 2471.
Lygustrum . . . Troëne. CCCLXII
—*Vulgare* . . . . —commun. Haies . . . . 2472.
Syringa. . . . . . Lilas. CCCLVII.
—*Vulgaris*. . . . —commun, cultivé. . . . . 2463.
—*Persica* . . . . —de Perse, cultivé . . . . 2464.

****. IRRÉGULIÈRES.**

VINGT-UNIÈME FAMILLE.

***BIGNONIACEÆ.* BIGNONIÉES.**

Catalpa . . . . . Catalpa.
—*Communis*. . . —commun, cultivé. Caroline. . . . .

SECONDE CLASSE.

DICOTYLEDONES. DIPÉRIANTHÉES INFÉROVARIÉES.

† POLYPÉTALES.

VINGT-DEUXIÈME FAMILLE.

POMACEÆ. POMACÉES.

Malus . . . . . . Pommier. DCXLV.
—Communis. . . . —commun, sauvage ou cultivé . . 3678.
Pyrus . . . . . . Poirier. DCXLVI.
—Communis. . . —commun, sauvage ou cultivé . . 3679.
Cydonia . . . . . Coignassier. DCXLVI.
—Vulgaris. . . . —vulgaire, sauvage ou cultivé. . . 3680.
Cratægus . . . . Alisier. DCXLVII.
—Torminalis . . —anti-dysentérique. . . . . 3681.
—Aria . . . . . . —Allouchier. . . . . 3683.
—Latifolia. . . . —de Fontainebleau. . . . . 3682.
Mespilus. . . . . Néflier. DCXLVIII.
—Oxiacantha. . —Aube-Épine. Haies . . . . . . 3686.
—Azarolus . . . —Azérolier. Provence . . . . . . 3688.
—Germanica. . —d'Allemagne, cultivé pour ses fruits, (nèfles) . . . . 3690.
Sorbus . . . . . . Sorbus. DCXLIX.
—Domestica. . . —domestiq. pour ses fruits, (sorbes). 3693.
—Aucuparia. . . —des oiseleurs . . . . 3692.
—Hybrida. . . . —Hybride. Ornement.

VINGT-TROISIÈME FAMILLE.

MYRTHEÆ. MYRTÉES.

Myrtus . . . . . Myrte. DCXLIII.
—Communis. . . —commun, cultivé . . . . 3676.
Philadelphus. . Seringat. DCXLII.
—Odorus. . . . . —odorant, cultivé . . . . 3675.

VINGT-QUATRIÈME FAMILLE.

GROSSULARIÆ. GROSSULARIÉES.

Ribes . . . . Groseillier. DCXXVIII.
—Rubrum . . . . —rouge. Arbrisseau. . . . . 3642.

—*Alpinum*. . . .	—des Alpes.	3644.
—*Nigrum*	—noir. Cassis.	3645.
—*Uva crispa* . .	—piquant, à maquereau.	3646.

VINGT-CINQUIÈME FAMILLE.

HEDERACEÆ. HEDERACÉES.

Hedera.	Lierre. DLXXI.	
—*Helix*.	—grimpant.	3409.
Cornus.	Cornouillier. DLXX.	
—*Mas*.	—mâle. Cormier.	3407.
—*Sanguinea*. . .	—Sanguin	3408.

VINGT-SIXIÈME FAMILLE.

LORANTHEÆ. LORANTHÉES.

Loranthus. . . .	Loranthus.	
—*Europœus* . . .	—d'Europe.	
Viscum.	Guy. DLXVII.	
—*Album*.	—à fruits blancs	3399.

Il parait que ce qu'on appelle Guy de Chêne est un véritable Loranthus, qui ressemble beaucoup au Guy, et qui vient rarement sur les Chênes.

†† MONOPÉTALES.

VINGT-SEPTIÈME FAMILLE.

VACCINIÆ. VACCINIÉES.

Vaccinium. . . .	Airelle. CDLXIV.	
—*Myrtillus* . . .	—Myrtille. Bluet.	2818.
—*Vitis idœa*. . .	—Rouge. Toujours verd.	2820.
Oxicoccos	Canneberge. CDLXIV.	
—*Palustris*. . . .	—des marais. Coussinet. Touj. verd.	2821.

VINGT-HUITIÈME FAMILLE.

CAPRIFOLIACEÆ. CAPRIFOLIACÉES.

Lonicera.	Chèvrefeuille. DLXVI.	
—*Caprifolium*. .	—des jardins	3392.
—*Periclymenum*.	—des bois	3393.
Xylosteum . . .	Xylosteon. DLXVI.	
—*Vulgare*	—vulgaire	3395.

—*Nigrum* . . . . —à fruits noirs. . . . . 3394.
Sambucus . . . . Sureau. DLXIX.
—*Nigra* . . . . . —noir. Commun. . . . . 3405.
—*Ebulus* . . . . . —Yeble. Petit Sureau . . . . . . 3404.
Viburnum . . . . Viorne. DLXVIII.
—*Lantana*. . . . —Mancienne. . . . . 3402.
—*Opulus*. . . . . —Obier. Boule de neige. . . . . 3403.

TROISIÈME CLASSE.

DICOTYLEDONES.

MONOPÉRIANTHÉES SUPÉROVARIÉES.

VINGT-NEUVIÈME FAMILLE.

LAURINEÆ. LAURINÉES.

Laurus. . . . . . Laurier. CCCVIII.
—*Nobilis*. . . . . —franc, d'Apollon . . . . 2202.

TRENTIÈME FAMILLE.

DAPHNOIDEÆ. DAPHNOIDES.

Daphne. . . . . . Daphné. CCCV.
—*Mezereum*. . . —Bois-Gentil . . . . 2190.
—*Thymelea*. . . —Thymelée . . . . 2191.
—*Laureola*. . . . —Lauréole. . . . . 2192.
—*Gnidium*. . . . —Garou. Saint-Bois. . . . . . . 2196.

TRENTE-UNIÈME FAMILLE.

EUPHORBIACEÆ. EUPHORBIACÉES.

Buxus. . . . . . . Buis. CCXCV.
—*Sempervirens*. —toujours vert. Arbrisseau. . . . 2176.

TRENTE-DEUXIÈME FAMILLE.

URTICEÆ. URTICÉES.

I. Artocarpées. *Fruits mous ou charnus.*

Morus . . . . . . Murier. CCLXXVI.
—*Nigra* . . . . . —à fruits noirs. Arbre. . . . . . . 2129.
—*Alba*. . . . . . —à fruits blancs. Arbre. . . . . . 2130.
Broussonetia. . Broussonetia.
—*Papirifera*. . . —Murier à papier. Chine. Ornement.

II. Urticées vraies. *Fruits secs.*

Humulus. . . . . Houblon. CCLXXXVII.
—Lupulus . . . . —grimpant. . . . . 2131.

TRENTE-TROISIÈME FAMILLE.

ULMACEÆ. ULMACÉES.

Ulmus . . . . . . Orme. CCLXXXIV.
—Campestris . . —champêtre. Arbre élevé . . . . 2126.
—Latifolia. . . . —à larges feuilles.
—Suberosa. . . . —fongueux.
—Effusa . . . . . —pédunculé . . . . 2127.
—Americana . . —d'Amérique.
—Rubra . . . . . —rouge. Amérique.
Celtis . . . . . . Micoucoulier. CCLXXXIII.
—Australis. . . . —de Provence.. . . . . 2125.
—Occidentalis. . —de Virginie.
—Cordata . . . . —à feuilles en cœur. Amérique.

QUATRIÈME CLASSE.

DICOTYLEDONES.

MONOPÉRIANTHÉES INFÉROVARIÉES.

TRENTE-QUATRIÈME FAMILLE.

ELÆAGNEÆ. ÉLÉAGNÉES.

Hippophae. . . . Argoussier. CCCIII.
—Rhamnoides. . —faux Nerprun. Arbrisseau. . . . 2188.
Elæagnus.. . . . Chalef. CCCIV.
—Angustifolius, —à feuilles étroites. Olivier de Bohême. Arbrisseau. . . . . 2189.

CINQUIÈME CLASSE.

DICOTYLEDONES SQUAMIFLORES.

AMENTACÉES, CONIFÈRES.

TRENTE-CINQUIÈME FAMILLE.

BALANIFEREÆ. BALANIFÈRES.

Quercus. . . . . Chêne. CCLXXXI.

I. *Feuilles caduques.*

—*Robur*. . . . . } —*Pedunculuta*. }	—Rouvre, à glands pedunculés. —à grappes. Gravelin, faisant la base des forêts . . . . 2116.
—*Sessiliflora*. . .	—à glands sessiles . . . . 2117.
—*Glomerata* . .	—à trochet.
—*Platiphylla* . .	—à larges feuilles. Durelin.
—*Laciniata* . . .	—découpé.
—*Nigra*	—noirâtre.
—*Lanuginosa* . .	—laineux, des collines.
—*Fastigiata*. . .	—pyramidal. Cyprès.
—*Cerris*	—Cerris . . . . 2118.
—*Crinita*.	—Crinite.
—*Haliphleos*. . .	—de Bourgogne.
—*Tauza*.	—Tauzin. Angoumois, des Pyrénées. Supplément . . . . 2117.
—*Pubescens*. . .	—pubescent. Supplément . . . . *Idem.*
—*Appennina* . .	—des Appennins. Supplément . . 2116.
—*Ægilops*	—Velanède. . . . . 2119.
—*Coccinea*. . . .	—écarlate.
—*Banisterii* . . .	—de Banisteri.
—*Prinus*.	—Chataignier.
—*Phellos*.	—à feuille de saule.
—*Rubra*	—rouge.

Les cinq derniers sont originaires d'Amérique

II. *A feuilles persistantes.*

—*Ilex*.	—Yeuse. Chêne vert . . . . 2121.
—*Suber*.	—Liège . . . . 2122.
—*Coccifera*. . . .	—au Kermès. . . . . 2123.
—*Ballotta*. . . .	—à glands doux. Espagne.
—*Tinctoria* . . .	—Quercitron, des teinturiers, noir d'Amér.

Il a prospéré au bois de Boulogne, près Paris, où on en voit qui ont été semés en 1818, et qui offrent déjà des tiges de trois mètres de hauteur, sur vingt-un centimètres de circonférence. Il aime les terrains légers ou graveleux et un peu ombragés.

Corylus	Coudrier. CCLXXX.	
—*Avellana*.	—Noisetier. Arbrisseau	2115.
—*Colarna*	—Glabre. Orient.	
—*Bizantina* . . .	—de Bizance. Ornement.	
Carpinus.	Charme. CCLXXVII.	
—*Betulus*.	—commun. Arbre	2112.
—*Ostria*.	—Houblon. Arbre naturalisé, à introduire dans nos forêts.	
—*Americana* . .	—d'Amérique. Ornement.	
Fagus.	Hêtre. CCLXXVIII.	
—*Silvatica*. . . .	—des bois. Fau, Foyard. Gr. arbr.	2113.
—*Purpurea* . . .	—pourpre. Orn.	
Castanea	Chataignier. CCLXXIX.	
—*Vesca*	—commun, cultivé. Grand arbre .	2114.

TRENTE-SIXIÈME FAMILLE.

JUGLANDEÆ. JUGLANDÉES.

Juglans.	Noyer. DCCXI.	
—*Regia*.	—ordinaire	4067.
—*Cinerea*	—cendré. Amérique.	
—*Nigra*	—noir. Amérique.	
—*Fraxinifolia*. .	—à feuilles de Frêne. Amérique.	

TRENTE-SEPTIÈME FAMILLE.

SALICINEÆ. SALICINÉES.

Salix . . . . Saule. CCLXXII.

I. Capsules glabres.

—*Alba*.	—blanc.	2071.
—*Vitellina*. . . .	—Osier jaune.	2072.
—*Amygdalina* .	—Amandier	2075.
—*Babylonica* . .	—pleureur.	2076.
—*Pentandra* . .	—à cinq étamines.	2079.
—*Fragilis*	—fragile	2080.

II. *Capsules velues.*

—*Caprea*.	—Marceau.	2084.
—*Acuminata* . .	—pointu.	2086.

—*Aurita*. . . . . —à oreillettes. . . . . 2085.
—*Helvetica* . . . —de Suisse . . . . 2087.
—*Arenaria* . . . —des sables. . . . . 2092.
—*Viminalis* . . . —à longues feuilles. Osier blanc, noir, vert. . . . . 2098.
—*Monandra*. . . —à une étamine. Hélice . . . . . 2099.
Populus . . . . . Peuplier. CCLXXIII.

Peupliers blancs, jeunes pousses cotonneuses, huit étamines.

—*Alba*. . . . . . —blanc. Ypreau . . . . 2100.
—*Canescens*. . . —grisâtre . . . . 2101.
—*Tremula*. . . . —Tremble . . . . 2102.
—*Græca*. . . . . —d'Athènes. Orient.

Peupliers noirs, jeunes pousses lisses, douze étamines.

—*Nigra* . . . . . —noir. . . . . 2103.
—*Fastigiata*. . . —d'Italie. . . . . 2104.
—*Virginiana*. . } —Suisse. Amérique.
—*Monilifera*. . }
—*Angulata* . . . —anguleux. De la Caroline.
—*Balsamifera*. . Baumier. Amérique.

TRENTE-HUITIÈME FAMILLE.

BETULACEÆ BÉTULACÉES.

Betula. . . . . . Bouleau. CCLXXV.
—*Alba*. . . . . . —Blanc . . . . 2106.
—*Pubescens*. . . —Pubescent . . . . 2107.
—*Nigra* . . . . . —noir, naturalisé. Amérique.
—*Lenta* . . . . . —Merisier. Amérique.
—*Papyrifera* . . —à papier. Amérique.
Alnus. . . . . . . Aune. CCLXXVI.
—*Glutinosa* . . . —commun. . . . . 2109.
—*Incana*. . . . . —blanchâtre . . . . 2110.
—*Viridis*. . . . . —Vert . . . . 2111.
—*Glauca*. . . . . —glauque. Amérique.
Liquidambar . . Copalme.
—*Styraciflua*. . . —d'Amérique.

Platanus .... —Platane. CCLXXXII.
—*Orientalis*... —d'Orient. Naturalisé ...... 2124.
—*Occidentalis*.. —d'Amérique, cultivé. Ornement.
Myrica...... Myrica. CCLXXIV.
—*Gale*...... —galé. Piment royal. Dioique.

TRENTE-NEUVIÈME FAMILLE.

TAXINEÆ. TAXINÉES.

Taxus....... If. CCLXX.
—*Baccata*.... —commun, à baie........... 2069.

QUARANTIÈME FAMILLE.

CUPRESSINEÆ. CUPRESSINÉES.

Cupressus.... Cyprès.
—*Sempervirens*. —pyramidal. Ornement.
—*Pendula*.... —pendant. Ornement.
Schubertia... Schoubertie.
—*Disticha*.... —Cyprès chauve. Amérique.
Thuya...... Thuya.
—*Occidentalis*.. —d'Occident. Ornement. Amérique.
—*Orientalis*... —d'Orient. Chine. Ornement.
Juniperus.... Genévrier. CCLXIX.
—*Communis*... —commun.................. 2065.
—*Oxicedrus*... —Oxicèdre. Amér........... 2066.
—*Sabina*..... —Sabine................ 2067.
—*Phenicœa*... —de Phénicie............. 2068.
—*Virginiana*.. —de Virginie.

QUARANTE-UNIÈME FAMILLE.

ABIETINEÆ. ABIETINÉES.

Conifères vraies.

Pinus....... Pin. CCLXVI.

Deux feuilles sortant d'une même gaîne.

—*Silvestris*.... —sauvage, de Genève. Pinéastre. 2054.
—*Rubra*..... —rouge, d'Écosse........... 2055.
—*Maritima*... —maritime................ 2057.
—*Pinea*...... —Pinier, à Pignons, cultivé.... 2058.
—*Alepensis*... —d'Alep................. 2059.

—*Laricio*. . . .	—Laricio, de l'île de Corse.	2060.
—*Mughus*.	—Mugho de Briançon	2056.
	Il est quelque fois à trois feuilles.	
—*Resinosa*. . . .	—à goudron, d'Amérique.	
	Cultivé en Angleterre, dans les lieux bas et humides.	

Pins à cinq feuilles.

—*Cembra*	—Cembro. Alvier, des Alpes. . . .	2061.
—*Strobus*.	—du lord Weimouth. Amériq. Naturalisé.	
Abies.	Sapin. CCLXVII.	

Épiceas, feuilles éparses en tous sens.

—*Excelsa*	—Picea, Pesse, faux Sapin	2062.
—*Nigra*	—Sapinette noire. Amérique.	
—*Alba*.	—Sapinette blanche. Amérique.	

Sapins, feuilles déjetées sur deux rangs.

—*Pectinata*. . }	—blanc, argenté. Commun.	
—*Taxifolia*. . }	—à feuilles d'If	2063.
—*Canadensis* . .	—Hémelock-Spruce. Amérique sept.	
—*Balsamea*. . .	—Baumier, de Gilead. Amérique sept.	
Larix.	Mélèze. CCLXVIII.	
—*Europœa*. . . .	—d'Europe. Grand arbre.	2064.
—*Cedrus*.	—Cèdre, du Liban, cultivé.	

SIXIÈME CLASSE.

ACOTYLEDONES OU AGAMES.

QUARANTE-DEUXIÈME FAMILLE,

FILICES. LES FOUGÈRES.

Popypodium. . .	Polypode. CXXXVIII.	
—*Vulgare*. . . .	—de Chêne.	1429.
Pteris	Pteris. CXXXI.	
—*Aquillina*. . . .	—à aigle	1403.
Aspidium.	Aspidium. CXXXVII.	
—*Filix mas* . . .	—Fougère mâle.	1419.
Athirium	Athyrium. CXXXV.	
—*Filix fœmina* .	—Fougère femelle.	1415.

TABLE ALPHABÉTIQUE

Des Genres compris dans l'Arboretum forestier, avec indication des Familles auxquelles ils appartiennent.

FIN.

www.ingramcontent.com/pod-product-compliance
Ingram Content Group UK Ltd.
Pitfield, Milton Keynes, MK11 3LW, UK
UKHW020357250726
13967UKWH00005B/2346

9 782011 907981